Das beobachtbare Universum

für Heinz Brockhoff

Das beobachtbare Universum

Die Rotverschiebung in einer zukünftigen Epoche

von

Dipl.-Math. Klaus Becker

INHALTSVERZEICHNIS

VORWORT

In dem vorliegenden Papier beschäftige ich mich mit einem reichlich speziellen und theoretischen Aspekt der Expansion des Universums. Wir wissen, dass das von hinreichend weit entfernten Galaxien emittierte Licht einem Beobachter auf der Erde in den langwelligen roten Spektralbereich verschoben erscheint. Dies wurde Ende der 1920er Jahre von Edwin Hubble zum ersten Mal beobachtet und dadurch erklärt, dass sich die Galaxien von uns entfernen und zwar umso schneller, je weiter sie von uns entfernt sind. Heute wissen wir, dass sich nicht die Galaxien von uns entfernen, sondern der Raum zwischen den Galaxien expandiert. Unabhängig davon lässt sich das Konzept der Rotverschiebung weiter anwenden. Wir stellen uns nun die Frage, um wie viel rotverschoben sich eine Galaxie dem Beobachter einer zukünftigen Epoche präsentiert. Die Lösung der gestellten Aufgabe löst zwar kein aktuelles Problem der Kosmologie und bringt sie auch nicht entscheidend weiter. Unabhängig davon stellt sich die Frage. Ich beantworte sie mit Mitteln der Schulmathematik. Wir rufen uns in Erinnerung: Das Licht, allgemeiner, die elektromagnetischen Emissionen einer Galaxie, die wir in der gegenwärtigen Epoche beobachten, wurden in einer zurückliegenden Epoche emittiert. Wir nennen diese Epoche Emissionsepoche. Wenn wir uns nun in eine zukünftige Epoche versetzt denken, hat sich aus Sicht eines Beobachters dieser Epoche auch die Emissionsepoche der Galaxie verschoben, also weiter vom Urknall entfernt. Das dürfte soweit klar sein. Was ist aber mit der Rotverschiebung? Um wie viel rotverschoben präsentiert sich nun die Galaxie? Zeigt sie sich rotverschobener als heute oder etwa weniger rotverschoben?

Ich wünsche den Leserinnen und Lesern viel Freude beim Studium der Ausarbeitung.

Oberwesel, im November 2018

1 Einleitung

Wir gehen aus von einer Galaxie, die wir aus heutiger Perspektive, also bei t_0 um z rotverschoben beobachten. Wir versetzen uns gedanklich in die Lage eines Beobachters, der in einer zukünftigen Epoche $\bar{t} > t_0$ diese Galaxie beobachtet. Wir fragen uns, wie rotverschoben der fiktive Beobachter diese Galaxie sieht. Da wir die Frage im Rahmen des Standardmodells der Kosmologie beantworten wollen, stellen wir im Abschnitt 2 zunächst ein paar wenige Fakten über das Standardmodell der Kosmologie zusammen, die wir für unsere Berechnungen benötigen. Wir erinnern uns in diesem Kontext an die Friedmann-Gleichung, die Skalenfunktion, die Hubble-Funktion, die Hubble-Time, den Hubble-Radius, die Dichteparameter der Materie und der Dunklen Energie sowie an die Elemente des beobachtbaren – auch sichtbaren – Universums, die Weltlinie einer Galaxie und den Vergangenheitslichtkegel. Bevor wir die Aufgabenstellung präzisieren, beschäftigen wir uns im 3. Abschnitt mit der zentralen Größe unserer Aufgabenstellung, mit der Rotverschiebung. Wir werden dann sehr schnell feststellen, dass wir für die Lösung unseres Problems eine „neue" Skalenfunktion benötigen, die wir auf die zukünftige Epoche normieren. Die neue Skalenfunktion entwickeln wir im Abschnitt 4 auf der Basis der Friedmann-Gleichung. Ausgestattet mit der neuen Skalenfunktion definieren wir im Abschnitt 5 die neue Rotverschiebung aus Sicht der zukünftigen Epoche und stellen die Relationen für die Elemente des sichtbaren Universums (siehe auch [2]) in Abhängigkeit von der neuen Skalenfunktion und der daraus abgeleiteten Rotverschiebung zusammen. Im 6. Abschnitt geben wir einen Leitfaden für die konkrete Lösung unseres Problems vor und rechnen schließlich im 7. und letzten Abschnitt ein Beispiel.

2 Das Standardmodell

Wie angekündigt gehen wir kurz auf die wesentlichen Aspekte des Standardmodells der Kosmologie ein. Weitere Informationen dazu findet man zum Beispiel in [1]. Das Standardmodell der Kosmologie basiert auf der Friedmann-Gleichung und beschreibt ein flaches Universum mit positiver kosmologischer Konstante. Die Friedmann-Gleichung lautet

$$2.1 \quad H(t)^2 = H_0^2 \cdot \left[\Omega_{m,0} \cdot a(t)^{-3} + \Omega_{\Lambda,0} \right].$$

Dabei ist t die kosmische Zeit nach dem Urknall, H(t) die sogenannte Hubble-Funktion mit

$$2.2 \quad H(t) = \frac{a'(t)}{a(t)}$$

und H_0 der Wert der Hubble-Funktion in der gegenwärtigen Epoche t_0. a(t) ist die Skalenfunktion und $a'(t)$ deren mathematische Ableitung. a(t) beschreibt im Prinzip das Expansionsverhalten des Universums. Etwas genauer ist a(t) die metrische Distanz zwischen uns als fiktiven Beobachtern in der Epoche t und einer Galaxie, die in der gegenwärtigen Epoche t_0 genau eine Längeneinheit von uns entfernt ist. a(t) ist das a(t)-Fache dieser Längeneinheit, die beispielsweise ein Mpc oder auch ein Lichtjahr, auch eine Hubble-Radius-Einheit (siehe weiter unten) sein kann.

Hinweis:
Mpc ist eine kosmologische Einheit und entspricht in etwa 3,262 Millionen Lichtjahren (siehe beispielsweise [1]).

a(t) ist also auf die gegenwärtige Epoche normiert. Es gilt

2.3 $a(t_0) = 1$ und $0 \leq a(t) \leq 1$ für $t \leq t_0$

Die Hubble-Funktion 2.2 beschreibt somit die Geschwindigkeit – die mathematische Ableitung von a(t) entspricht der Änderung von a(t) pro Zeiteinheit, also der Geschwindigkeit, mit der a(t) größer wird – mit der der Raum zwischen uns und einem kosmischen Objekt pro Längeneinheit expandiert. H(t) heißt deshalb auch Expansionsrate. H_0 ist die Expansionsrate der gegenwärtigen Epoche und heißt auch Hubble-Konstante. Die Hubble-Time $t_{H(t)}$ ist der Kehrwert der Hubble-Funktion bzw. der Hubble-Konstante, also

2.4 $t_{H(t)} = \dfrac{1}{H(t)}$ bzw. $t_{H_0} = \dfrac{1}{H_0}$.

Der Hubble-Radius $r_{H(t)}$ ist die Strecke, die Licht in der Hubble-Zeit zurücklegt. Es ist

2.5 $r_{H(t)} = \dfrac{c}{H(t)} = c \cdot t_H(t)$ bzw. $r_{H_0} = \dfrac{c}{H_0} = c \cdot t_{H_0}$.

$\Omega_m(t)$ und $\Omega_\Lambda(t)$ sind die sogenannten Dichteparameter. $\Omega_m(t)$ der Dichteparameter der Materie (der sichtbaren „normalen" und der Dunklen Materie) und $\Omega_\Lambda(t)$ der Dichteparameter der Dunklen Energie. Auf die Begriffe Dunkle Materie und Dunkle Energie können wir an dieser Stelle nicht weiter eingehen. Siehe dazu beispielsweise [1]).

Die Dichteparameter entsprechen dem Anteil der jeweiligen Energieart an der Gesamtenergie des Universums. Die Gesamtenergie ist in einem flachen Universum in jeder kosmischen Epoche gleich eins. Die Werte der gegenwärtigen Epoche bezeichnen wir mit $\Omega_{m,0}$ und $\Omega_{\Lambda,0}$.

Die konkreten Werte der Dichteparameter und der Hubble-Konstante H_0 spielen im vorliegenden Zusammenhang zwar keine entscheidende Rolle. Dennoch sollten wir sie festlegen, um die Nachvollziehbarkeit unseres Zahlenbeispiels zu gewährleisten (siehe auch Abschnitt 7). Wir benutzen die Werte aus $[3]$ mit

$$2.6 \qquad \Omega_{m,0} = 0{,}315 \text{ und } \Omega_{\Lambda,0} = 0{,}685 \text{ und } H_0 = 67{,}5 \, \frac{km}{s \cdot Mpc} \,.$$

Die Skalenfunktion lässt sich unmittelbar aus der Friedmann-Gleichung ableiten, wenn auch nicht ganz trivial (siehe dazu $[1]$ und $[4]$). Es gilt

$$2.7 \qquad a(t) = \left(\frac{\Omega_{m,0}}{\Omega_{\Lambda,0}} \right)^{\frac{1}{3}} \cdot \sinh^{\frac{2}{3}} \left(\frac{3}{2} \cdot H_0 \cdot \sqrt{\Omega_{\Lambda,0}} \cdot t \right) \,.$$

Für die nachfolgende Diskussion relevant sind schließlich noch die Relationen für die Weltlinie einer Galaxie und für den Vergangenheitslichtkegel. Die Weltlinie einer Galaxie ist der Weg der Galaxie durch die Raumzeit. Die Weltlinie einer Galaxie, die bei t_e elektromagnetische Signale emittiert, die wir heute detektieren, lässt sich beschreiben durch

$$2.8 \qquad W_{L(t_e)}(t) = c \cdot a(t) \cdot \int_{t_e}^{t_0} \frac{dt}{a(t)} \,.$$

Im Zusammenhang mit unserem eigentlichen Thema benötigen wir 2.8 in direkter Abhängigkeit vom Skalenwert a. Um die Transformation vorzunehmen zu können, greifen wir auf die Friedmann-Gleichung 2.1 zurück mit

$$H(t) = \frac{a'(t)}{a(t)} = H_0 \cdot \sqrt{\Omega_{m,0} \cdot a(t)^{-3} + \Omega_{\Lambda,0}} \,.$$

Es folgt

$$2.9 \quad \frac{da}{dt} = H_0 \cdot a(t) \cdot \sqrt{\Omega_{m,0} \cdot a(t)^{-3} + \Omega_{\Lambda,0}}$$

und schließlich

$$2.10 \quad dt = \frac{da}{H_0 \cdot a(t) \cdot \sqrt{\Omega_{m,0} \cdot a(t)^{-3} + \Omega_{\Lambda,0}}} \; .$$

Damit gehen wir in 2.8 und erhalten

$$W_{L(t_e)}(t) = c \cdot a(t) \cdot \int_{t_e}^{t_0} \frac{dt}{a(t)} = \frac{c}{H_0} \cdot a \cdot \int_{a(t_e)}^{a(t_0)} \frac{da}{a^2 \cdot \sqrt{\Omega_{m,0} \cdot a^{-3} + \Omega_{\Lambda,0}}}$$

und schließlich

$$2.11 \quad W_{L(a_e)}(a) = \frac{c}{H_0} \cdot a \cdot \int_{a_e}^{1} \frac{da}{a^2 \cdot \sqrt{\Omega_{m,0} \cdot a^{-3} + \Omega_{\Lambda,0}}}$$

mit $a_e = a(t_e)$ und $a(t_0) = 1$.

Der Vergangenheitslichtkegel ist der Weg eines Lichtsignals durch die Raumzeit, im Prinzip vom Urknall, genauer von der Rekombinationsepoche, das heißt, vom Freiwerden der Mikrowellenstrahlung etwa 400.000 Jahre nach dem Urknall (siehe dazu [1]) bis zu seiner Detektion beim Beobachter. Bezogen auf die heutige Epoche t_0 schreiben wir

$$2.12 \quad L_{C(t_0)}(t) = c \cdot a(t) \cdot \int_{t}^{t_0} \frac{dt}{a(t)} \; .$$

Mit zur Weltlinie analoger Rechnung ist in Abhängigkeit von a

$$2.13 \quad L_{C(a_0)}(a) = \frac{c}{H_0} \cdot a \cdot \int_a^1 \frac{da}{a^2 \cdot \sqrt{\Omega_{m,0} \cdot a^{-3} + \Omega_{\Lambda,0}}} \; .$$

Entsprechend lassen sich Hubble-Funktion, Hubble-Time und Hubble-Radius in Abhängigkeit vom Skalenparameter darstellen. Beispielsweise gilt für den Hubble-Radius

$$2.14 \quad r_H(a) = \frac{c}{H_0} \frac{1}{\sqrt{\Omega_0 \cdot a^{-3} + \Omega_{\Lambda,0}}} \; .$$

3 Die Rotverschiebung

Es ist nun höchste Zeit, dass wir uns über die zentrale Größe unserer Aufgabenstellung, die Rotverschiebung, etwas genauer unterhalten. Unter der Rotverschiebung einer Galaxie versteht man die Tatsache, dass die Spektren hinreichend weit entfernter Galaxien in den roten, langwelligen Bereich verschobene Spektrallinien aufweisen. Erstmals wurde dieses Phänomen von Edwin Hubble Ende der 1920er Jahre beobachtet. Dem sogenannten Doppler-Effekt (siehe beispielsweise [1]) folgend wurde diese Beobachtung als „Fluchtbewegung" der Galaxien interpretiert und daraus das später nach Hubble benannte Hubble-Gesetz abgeleitet, das zwischen der vermeintlichen Fluchtgeschwindigkeit und der Entfernung der Galaxie eine lineare Abhängigkeit beschreibt.

Hinweis:
Es handelt sich um den Effekt, den wir von einem Polizeifahrzeug kennen, das mit eingeschalteter Sirene auf uns zukommt und sich schließlich wieder von uns entfernt. Die auf uns zukommende Sirene wird zunehmend schriller, die sich von uns entfernende zunehmend gedämpft.

Heute weiß man, dass sich nicht die Galaxien von uns entfernen, sondern der Raum zwischen den Galaxien expandiert. Unabhängig davon kann das Konzept der Rotverschiebung weiter angewendet werden. Und zwar führt die Expansion des Raumes zu einer Dehnung der Wellenlängen der emittierten elektromagnetischen Strahlung, die sich proportional zum Skalenparameter verhält. Es gilt nämlich für die Wellenlänge λ eines bei t emittierten Signals (siehe wieder [1])

3.1 $\lambda(t) \approx a(t)$.

Aus 3.1 folgt für die Wellenlänge eines elektromagnetischen Signals, das bei t emittiert und bei t_0 detektiert wird

3.2 $\quad \dfrac{\lambda(t_0)-\lambda(t)}{\lambda(t)} = \dfrac{1}{a(t)}-1$.

Diese durch 3.2 indizierte Dehnung der Wellenlänge nennt man Rotverschiebung und bezeichnet sie mit z. Es ist also

3.3 $\quad z(t) = \dfrac{\lambda(t_0)-\lambda(t)}{\lambda(t)} = \dfrac{1}{a(t)}-1$

bzw.

3.4 $\quad a(t) = \dfrac{1}{1+z(t)}$.

3.3 bzw. 3.4 verbindet die beobachtende Kosmologie mit der theoretischen. Die Rotverschiebung lässt sich beobachten. Der Skalenparameter hingegen beschreibt den Verlauf der Expansion und stützt sich dabei auf das theoretische Modell, mit dem das expandierende Universum modelliert wird. Bevor wir nun unsere Aufgabenstellung präzisieren, gehen wir noch kurz auf die Abhängigkeit der Größen Weltlinie, Vergangenheitskegel, Hubble-Funktion, Hubble-Time und Hubble-Radius von der Rotverschiebung z ein. Für die drei zuletzt genannten Größen ist die Transformation in die Abhängigkeit von z offensichtlich. Für den Hubble-Radius beispielsweise erhält man aus 2.14 mit 3.4 unmittelbar

3.5 $\quad r_H(z) = \dfrac{c}{H_0}\,\dfrac{1}{\sqrt{\Omega_0\cdot(1+z)^3+\Omega_{\Lambda,0}}}$.

Für die Transformation der Weltlinie 2.11 benötigen wir die Ableitung von a nach z. Aus 3.4 folgt

3.6 $\quad \dfrac{da}{dz} = -\dfrac{1}{(1+z)^2}$.

Damit gehen wir in 2.11. Wir erhalten

$$W_{L(z_e)}(z) = \frac{c}{H_0} \cdot \frac{1}{1+z} \cdot \int\limits_{z(a_e)}^{z(1)} \frac{-dz}{\sqrt{\Omega_{m,0} \cdot (1+z)^3 + \Omega_{\Lambda,0}}}$$

und schließlich

$$3.7 \quad W_{L(z_e)}(z) = \frac{c}{H_0} \cdot \frac{1}{1+z} \cdot \int\limits_{0}^{z_e} \frac{dz}{\sqrt{\Omega_{m,0} \cdot (1+z)^3 + \Omega_{\Lambda,0}}}$$

mit $z_e = z(a_e)$ und $z(1) = 0$.

Mit analoger Rechnung erhält man für den Vergangenheitslichtkegel

$$3.8 \quad L_{C(z_0)}(z) = \frac{c}{H_0} \cdot \frac{1}{1+z} \cdot \int\limits_{0}^{z} \frac{dz}{\sqrt{\Omega_{m,0} \cdot (1+z)^3 + \Omega_{\Lambda,0}}} \; .$$

Nun sind wir endlich soweit, dass wir unsere Aufgabenstellung präzisieren können:

Sei t_0 die gegenwärtige und $\bar{t} > t_0$ eine zukünftige Epoche. Wir beobachten eine Galaxie, die bei t_e ein Lichtsignal (elektromagnetische Strahlung) emittiert, das bei t_0 detektiert wird. Dann gilt für die Rotverschiebung z_e, mit der sich die Galaxie dem Beobachter präsentiert

$$3.9 \quad z_e = z(a_e) = z((a(t_e))) = \frac{1}{a(t_e)} - 1 \; .$$

Wenn wir uns nun in die Lage eines Beobachters bei $\bar{t}$ versetzen, dann sieht dieser die Galaxie trivialerweise zu einem späteren kosmischen Zeitpunkt. Diesen nennen wir $t_{\bar{e}}$. Die Frage ist, wie rotverschoben sich die Galaxie dem Beobachter bei $\overline{t}$ präsentiert, wir fragen also nach der Größe

$$3.10 \quad z_{\overline{e}} = z(a_{\overline{e}}) = z((a(t_{\overline{e}})) = \frac{1}{a(t_{\overline{e}})} - 1 \,.$$

Nun wird aber mit $\overline{t} > t_0$ $a(\overline{t}) > a(t_0) = 1$ und damit, wie man leicht sieht

$$3.11 \quad \overline{z} = z(\overline{a}) = z((a(\overline{t})) = \frac{1}{a(\overline{t})} - 1 < 0 \,,$$

negativ. Dies gilt dann auch für $t_{\overline{e}}$, sobald es ebenfalls in einer zukünftigen Epoche liegt. Wir rufen uns in Erinnerung, was eine negative Rotverschiebung bedeutet. Nach 3.3 ist dann die emittierte Wellenlänge größer als die detektierte. Das geht aber nur dann, wenn sich die das Licht emittierende Galaxie auf uns zu bewegt. Dass sich eine bis dato von uns entfernende Galaxie aus Sicht eines zukünftigen Beobachters auf diesen zu bewegen soll, ist aber bei einem für alle Zeiten expandierenden Universum (Standardmodell) schier unmöglich. Wir lösen das Problem durch die Definition einer neuen Skalenfunktion, die wir für die zukünftige Detektionsepoche $\overline{t}$ normieren.

4 Die neue Skalenfunktion

Wie wir festgestellt haben, benötigen wir eine auf die Beobachtungs-epoche $\bar{t}$ normierte neue Skalenfunktion. Diese nennen wir α. Wir setzen

$$4.1 \qquad \alpha(t) = \frac{a(t)}{a(\bar{t})} \ .$$

Wie man leicht sieht, ist α für die zukünftige Epoche normiert und für jede kosmische Zeit $t \le \bar{t}$ gilt $0 \le \alpha(t) \le 1$.

Wir können die neue Skalenfunktion aber auch ohne die Kenntnis von a ermitteln (siehe auch [1]). Wir versetzen uns dafür in die zukünftige Epoche $\bar{t}$ und sehen uns die Friedmann-Gleichung mit den Größen dieser Epoche an. Es ist in Analogie zu 2.1

$$4.2 \qquad \Gamma(t)^2 = \bar{\Gamma}^2 \cdot \left[\Omega_{\bar{m}} \cdot \alpha(t)^{-3} + \Omega_{\bar{\Lambda}} \right] .$$

Dabei ist α die „neue", auf die Beobachtungsepoche $\bar{t}$ normierte Skalenfunktion, $\Gamma(t)$ in Analogie zu 2.2 die Hubble-Funktion mit

$$4.3 \qquad \Gamma(t) = \frac{\alpha'(t)}{\alpha(t)} \ .$$

und $\bar{\Gamma}$ die Hubble-Konstante der Epoche $\bar{t}$, also $\bar{\Gamma} = \Gamma(\bar{t})$, $\Omega_{\bar{m}}$ der Dichteparameter der Materie (sichtbare und Dunkle Materie) in der Epoche $\bar{t}$ und $\Omega_{\bar{\Lambda}}$ der Dichteparameter der Dunklen Energie in der Epoche $\bar{t}$. Aus 4.2 folgt (siehe 2.9 und 2.10)

$$4.4 \qquad \frac{d\alpha}{dt} = \bar{\Gamma} \cdot \alpha(t) \cdot \sqrt{\Omega_{\bar{m}} \cdot \alpha(t)^{-3} + \Omega_{\bar{\Lambda}}} \ .$$

und dann

$$4.5 \quad dt = \bar{\Gamma}^{-1} \cdot \frac{d\alpha}{\alpha(t) \cdot \sqrt{\Omega_{\bar{m}} \cdot \alpha(t)^{-3} + \Omega_{\bar{\Lambda}}}} \, .$$

Das Integral liefert unter Ausnutzung einiger mathematischer Tricks (siehe $[4]$)

$$4.6 \quad t = \frac{2}{3 \cdot \bar{\Gamma} \cdot \sqrt{\Omega_{\bar{\Lambda}}}} \cdot \operatorname{arcsinh}\left(\sqrt{\frac{\Omega_{\bar{\Lambda}}}{\Omega_{\bar{m}}}} \cdot \alpha(t)^{\frac{3}{2}} \right) \, .$$

Mit einfachen Rechenschritten (siehe $[1]$) erhält man daraus die Skalenfunktion α mit

$$4.7 \quad \alpha(t) = \left(\frac{\Omega_{\bar{m}}}{\Omega_{\bar{\Lambda}}} \right)^{\frac{1}{3}} \cdot \sinh^{\frac{2}{3}}\left(\frac{3}{2} \cdot \bar{\Gamma} \cdot \sqrt{\Omega_{\bar{\Lambda}}} \cdot t \right) \, .$$

4.7 ist die Skalenfunktion, die ein Beobachter der Epoche $\bar{t}$ ohne Kenntnis der Skalenfunktion a herleiten würde. Wir zeigen nun noch, dass 4.1 und 4.7 identisch sind. Wir verwenden (siehe $[1]$)

$$4.8 \quad \Omega_{\bar{m}} = \Omega_{m,0} \cdot a(\bar{t})^{-3} \cdot \frac{H_0^2}{\bar{\Gamma}^2} \quad \text{und} \quad \Omega_{\bar{\Lambda}} = \Omega_{\Lambda,0} \cdot \frac{H_0^2}{\bar{\Gamma}^2} \, .$$

Damit folgt aus 4.7

$$\alpha(t) = \left(\frac{\Omega_{\bar{m}}}{\Omega_{\bar{\Lambda}}} \right)^{\frac{1}{3}} \cdot \sinh^{\frac{2}{3}}\left(\frac{3}{2} \cdot \bar{\Gamma} \cdot \sqrt{\Omega_{\bar{\Lambda}}} \cdot t \right)$$

$$= \left(\frac{\Omega_{m,0} \cdot a^{-3}(\bar{t}) \cdot \dfrac{H_0^2}{\bar{\Gamma}^2}}{\Omega_{\Lambda,0} \cdot \dfrac{H_0^2}{\bar{\Gamma}^2}} \right)^{\frac{1}{3}} \cdot \sinh^{\frac{2}{3}} \left(\frac{3}{2} \cdot \bar{\Gamma} \cdot \sqrt{\Omega_{\Lambda,0} \cdot \frac{H_0^2}{\bar{\Gamma}^2}} \cdot t \right)$$

$$= \left(\frac{\Omega_{m,0} \cdot a^{-3}(\bar{t})}{\Omega_{\Lambda,0}} \right)^{\frac{1}{3}} \cdot \sinh^{\frac{2}{3}} \left(\frac{3}{2} \cdot H_0 \cdot \sqrt{\Omega_{\Lambda,0}} \cdot t \right)$$

$$= \frac{1}{a(\bar{t})} \cdot \left(\frac{\Omega_{m,0}}{\Omega_{\Lambda,0}} \right)^{\frac{1}{3}} \cdot \sinh^{\frac{2}{3}} \left(\frac{3}{2} \cdot H_0 \cdot \sqrt{\Omega_{\Lambda,0}} \cdot t \right) = \frac{a(t)}{a(\bar{t})} = \alpha(t) \, .$$

Das ist das, was wir zeigen wollten. 4.1 und 4.7 sind identische Funktionen.

Wir beschreiben nun mit α die Weltlinie einer Galaxie, die bei $t_e \leq \bar{t}$ Licht emittiert, das wir bei $\bar{t}$ detektieren und zwar zunächst in Abhängigkeit von t und dann unmittelbar abhängig vom Skalenwert α. Zunächst gilt in Analogie zu 2.8

$$4.9 \qquad W_{L(t_e)}(t) = c \cdot \alpha(t) \cdot \int_{t_e}^{\bar{t}} \frac{dt}{\alpha(t)} \, .$$

Für die Transformation in die unmittelbare Abhängigkeit von α gehen wir mit 4.5

$$dt = \bar{\Gamma}^{-1} \cdot \frac{d\alpha}{\alpha(t) \cdot \sqrt{\Omega_{\bar{m}} \cdot \alpha(t)^{-3} + \Omega_{\bar{\Lambda}}}}$$

in die Relation 4.9 und erhalten

$$W_{L(t_e)}(t) = c \cdot \alpha(t) \cdot \int_{t_e}^{\overline{t}} \frac{dt}{\alpha(t)} = \frac{c}{\overline{\overline{\Gamma}}} \cdot \alpha(t) \cdot \int_{\alpha(t_e)}^{\alpha(\overline{t})} \frac{d\alpha}{\alpha^2 \cdot \sqrt{\Omega_{\overline{m}} \cdot \alpha^{-3} + \Omega_{\overline{\Lambda}}}}$$

und schließlich

$$4.10 \quad W_{L(\alpha_e)}(\alpha) = \frac{c}{\overline{\overline{\Gamma}}} \cdot \alpha \cdot \int_{\alpha_e}^{1} \frac{d\alpha}{\alpha^2 \cdot \sqrt{\Omega_{\overline{m}} \cdot \alpha^{-3} + \Omega_{\overline{\Lambda}}}}$$

mit $\alpha_e = \alpha(t_e)$ und $\overline{\alpha} = \alpha(\overline{t}) = 1$.

Die Relation für den Vergangenheitslichtkegel ergibt sich analog. Im Ergebnis ist

$$4.11 \quad L_{C(\overline{\alpha})}(\alpha) = \frac{c}{\overline{\overline{\Gamma}}} \cdot \alpha \cdot \int_{\alpha}^{1} \frac{d\alpha}{\alpha^2 \cdot \sqrt{\Omega_{\overline{m}} \cdot \alpha^{-3} + \Omega_{\overline{\Lambda}}}} .$$

Für den Hubble-Radius $r_\Gamma(t)$ beispielsweise folgt unmittelbar aus der Friedmann-Gleichung (siehe 4.2)

$$r_\Gamma(t) = \frac{c}{\Gamma(t)} = \frac{c}{\overline{\overline{\Gamma}}} \cdot \frac{1}{\sqrt{\Omega_{\overline{m}} \cdot \alpha(t)^{-3} + \Omega_{\overline{\Lambda}}}}$$

und damit

$$4.12 \quad r_\Gamma(\alpha) = \frac{c}{\Gamma(\alpha)} = \frac{c}{\overline{\overline{\Gamma}}} \cdot \frac{1}{\sqrt{\Omega_{\overline{m}} \cdot \alpha^{-3} + \Omega_{\overline{\Lambda}}}} .$$

Für die Hubble-Funktion und die Hubble-Time gelten die entsprechenden Relationen.

Nicht überraschen sollte die Tatsache, dass wir auf die neue Skalenfunktion auch verzichten könnten, wenn da nicht der unschöne Effekt der negativen Rotverschiebung existierte.

Zum Nachweis ersetzen wir α beispielsweise in 4.9 durch 4.1. Wir erhalten für die Weltlinie

$$W_{L(t_e)}(t) = c \cdot \alpha(t) \cdot \int_{t_e}^{\bar{t}} \frac{dt}{\alpha(t)} = c \cdot \frac{a(t)}{a(\bar{t})} \cdot \int_{t_e}^{\bar{t}} \frac{dt}{\frac{a(t)}{a(\bar{t})}} = c \cdot a(t) \cdot \int_{t_e}^{\bar{t}} \frac{dt}{a(t)} \; .$$

Damit können wir die alte Skalenfunktion a unverändert auch für den Beobachter einer zukünftigen Epoche verwenden. Dies gilt nicht nur für die Weltlinie, sondern trivialerweise auch für die des Vergangenheitslichtkegels, der Hubble-Funktion, der Hubble-Time und des Hubble-Radius, was sich ebenso einfach zeigen lässt. Beispielsweise gilt für die Hubble-Funktion

$$4.13 \quad H(t) = \frac{a'(t)}{a(t)} = \frac{\frac{a'(t)}{a(\bar{t})}}{\frac{a(t)}{a(\bar{t})}} = \frac{\alpha'(t)}{\alpha(t)} \; .$$

Damit ist es irrelevant, ob wir für die Wertermittlung der genannten Größen die alte a oder die neue Skalenfunktion α verwenden. Das musste man trivialerweise auch erwarten. Es gibt schließlich nur eine Weltlinie für eine Galaxie und eine Hubble-Funktion, wobei unterstellt wird, dass auch die zukünftige Entwicklung des Universums dem Standardmodell folgt. Diese Aussage muss notwendigerweise auch für die Relationen gelten, die unmittelbar vom Skalenwert abhängen. Wir demonstrieren dies am Beispiel des Hubble-Radius und der Weltlinie.

Wir verwenden erneut 4.8

$$\Omega_{\bar{m}} = \Omega_{m,0} \cdot a(\bar{t})^{-3} \cdot \frac{H_0^2}{\bar{\Gamma}^2} \quad \text{und} \quad \Omega_{\bar{\Lambda}} = \Omega_{\Lambda,0} \cdot \frac{H_0^2}{\bar{\Gamma}^2}$$

und gehen damit in die Relation des Hubble-Radius. Es folgt unmittelbar das Ergebnis

$$r_{\Gamma}(\alpha) = \frac{c}{\Gamma} \cdot \frac{1}{\sqrt{\Omega_{\bar{m}} \cdot \alpha^{-3} + \Omega_{\bar{\Lambda}}}} = \frac{c}{H_0} \cdot \frac{1}{\sqrt{\Omega_{m,0} \cdot a^{-3} + \Omega_{\Lambda,0}}} \ .$$

Das heißt, für alle α mit $0 \leq \alpha \leq 1$ und damit für alle a mit $0 \leq a \leq \bar{a}$ gilt

$$4.14 \quad r_H(a) = \frac{c}{H_0} \cdot \frac{1}{\sqrt{\Omega_{m,0} \cdot a^{-3} + \Omega_{\Lambda,0}}} \ .$$

Für die Relation der Weltlinie einer Galaxie die bei α_e Lichtsignale emittiert, die bei $\bar{\alpha} = 1$ detektiert werden, gilt für alle α_e mit $0 \leq \alpha_e \leq 1$

$$4.15 \quad W_{L(\alpha_e)}(\alpha) = \frac{c}{\Gamma} \cdot \alpha \cdot \int_{\alpha_e}^{1} \frac{d\alpha}{\alpha^2 \cdot \sqrt{\Omega_{\bar{m}} \cdot \alpha^{-3} + \Omega_{\bar{\Lambda}}}} \ .$$

Mit

$$4.16 \quad \frac{d\alpha}{da} = \frac{1}{\bar{a}}$$

folgt

$$W_{L(\alpha_e)}(\alpha) = \frac{c}{H_0} \cdot a \cdot \int_{\alpha_e \cdot \bar{a}}^{1 \cdot \bar{a}} \frac{da}{a^2 \cdot \sqrt{\Omega_{m,0} \cdot a^{-3} + \Omega_{\Lambda,0}}}$$

und damit

$$4.17 \quad W_{L(a_e)}(a) = \frac{c}{H_0} \cdot a \cdot \int_{a_e}^{\bar{a}} \frac{da}{a^2 \cdot \sqrt{\Omega_{m,0} \cdot a^{-3} + \Omega_{\Lambda,0}}} \quad \text{für alle } 0 \leq a_e \leq \bar{a} \ .$$

Unabhängig von dieser Feststellung verwenden wir in der neuen Umgebung, wenn wir also das Universum aus der Perspektive des zukünftigen Beobachters bei $\bar{t}$ beobachten, die neuen Bezeichnungen, für die Skalenfunktion also α, für die Hubble-Funktion Γ, für die Hubble-Konstante der Epoche $\bar{\Gamma}\,\bar{t}$ und für die Dichteparameter der Materie und der Dunklen Energie der Epoche $\bar{t}$ $\Omega_{\bar{m}}$ und $\Omega_{\bar{\Lambda}}$.

Nun fehlt uns nur noch die „neue" Rotverschiebung. Mit dieser befassen wir uns im nächsten Abschnitt.

5 Die neue Rotverschiebung

Mithilfe der neuen Skalenfunktion α definieren wir nun die Rotverschiebung aus der Sicht des Beobachters bei $\bar{t}$. Diese nennen wir ζ und setzen analog zur herkömmlichen Definition

$$5.1 \quad \alpha(t) = \frac{1}{1 + \zeta(\alpha(t))}$$

bzw.

$$5.2 \quad \zeta(\alpha(t)) = \frac{1}{\alpha(t)} - 1 \,.$$

Wie man leicht sieht gilt

$$5.3 \quad \zeta(\alpha(t)) = \frac{1}{\alpha(t)} - 1 \geq 0 \;\; \text{für alle } t \leq \bar{t} \,.$$

Alle Skalen unterhalb von eins führen also zu einer positiven Rotverschiebung, die Skala eins zu $\zeta = 0$.

Wir stellen nun die Relationen für die Weltlinie einer Galaxie, für den Vergangenheitslichtkegel und für den Hubble-Radius in Abhängigkeit von der Rotverschiebung ζ dar. In Analogie zum Abschnitt 3, wo wir diese Prozedur bereits in der alten Umgebung, also für a und z durchgeführt haben, verwenden wir

$$5.4 \quad \alpha = \frac{1}{1 + \zeta}$$

und

5.5 $\quad \dfrac{d\alpha}{d\zeta} = -\dfrac{1}{(1+\zeta)^2}$.

Für die Hubble-Funktion, die Hubble-Time und den Hubble-Radius folgt mit 5.4 (hier beispielhaft ausgeführt für den Hubble-Radius)

$$r_\Gamma(\alpha) = \dfrac{c}{\overline{\overline{\Gamma}}} \cdot \dfrac{1}{\sqrt{\Omega_{\overline{m}} \cdot \alpha^{-3} + \Omega_{\overline{\Lambda}}}} = \dfrac{c}{\overline{\overline{\Gamma}}} \cdot \dfrac{1}{\sqrt{\Omega_{\overline{m}} \cdot (1+\zeta)^3 + \Omega_{\overline{\Lambda}}}}$$

und damit

$$5.6 \quad r_\Gamma(\zeta) = \dfrac{c}{\overline{\overline{\Gamma}}} \cdot \dfrac{1}{\sqrt{\Omega_{\overline{m}} \cdot (1+\zeta)^3 + \Omega_{\overline{\Lambda}}}} \ .$$

Für die Entwicklung der Weltlinie gehen wir mit 5.5 in 4.10. Es folgt

$$W_{L(\alpha_e)}(\alpha) = \dfrac{c}{\overline{\overline{\Gamma}}} \cdot \alpha \cdot \int\limits_{\alpha_e}^{1} \dfrac{d\alpha}{\alpha^2 \cdot \sqrt{\Omega_{\overline{m}} \cdot \alpha^{-3} + \Omega_{\overline{\Lambda}}}}$$

$$= \dfrac{c}{\overline{\overline{\Gamma}}} \cdot \dfrac{1}{1+\zeta} \cdot \int\limits_{\zeta(\alpha_e)}^{\zeta(1)} \dfrac{-d\zeta}{\sqrt{\Omega_{\overline{m}} \cdot (1+\zeta)^3 + \Omega_{\overline{\Lambda}}}}$$

und schließlich

$$5.7 \quad W_{L(\zeta_e)}(\zeta) = \dfrac{c}{\overline{\overline{\Gamma}}} \cdot \dfrac{1}{1+\zeta} \cdot \int\limits_{0}^{\zeta_e} \dfrac{d\zeta}{\sqrt{\Omega_{\overline{m}} \cdot (1+\zeta)^3 + \Omega_{\overline{\Lambda}}}}$$

mit $\zeta_e = \zeta(\alpha_e)$ und $\zeta(1) = 0$.

Der Vollständigkeit halber schreiben wir auch noch die Relation für den Vergangenheitslichtkegel der Epoche $\overline{t}$ auf. Es ist

5.8 $\quad L_{C(\overline{\zeta})}(\zeta) = \dfrac{c}{\overline{\Gamma}} \cdot \dfrac{1}{1+\zeta} \cdot \displaystyle\int_0^{\zeta} \dfrac{d\zeta}{\sqrt{\Omega_{\overline{m}} \cdot (1+\zeta)^3 + \Omega_{\overline{\Lambda}}}}$

mit $\zeta = \zeta(\alpha)$ und $\overline{\zeta} = \zeta(\overline{\alpha}) = \zeta(1) = 0$.

Im letzten Abschnitt hatten wir festgestellt, dass wir für die Ermittlung der betrachteten Größen auch die alte Skalenfunktion a verwenden können. Da die Rotverschiebungen z und ζ durch die Skalenfunktionen gleichermaßen definiert werden, muss dies auch für die „alte" Rotverschiebung z richtig sein. Wir zeigen dies wieder am Beispiel des Hubble-Radius und am Beispiel der Weltlinie. Wir benutzen erneut 4.8

$$\Omega_{\overline{m}} = \Omega_{m,0} \cdot a(\overline{t})^{-3} \cdot \dfrac{H_0^2}{\overline{\Gamma}^2} \quad \text{und} \quad \Omega_{\overline{\Lambda}} = \Omega_{\Lambda,0} \cdot \dfrac{H_0^2}{\overline{\Gamma}^2}$$

und gehen damit in die Relation für den Hubble-Radius aus Sicht der Epoche $\overline{t}$: Für alle ζ mit $0 \leq \zeta < \infty$ gilt

$$r_{\Gamma}(\zeta) = \dfrac{c}{\overline{\Gamma}} \cdot \dfrac{1}{\sqrt{\Omega_{\overline{m}} \cdot (1+\zeta)^3 + \Omega_{\overline{\Lambda}}}} = \dfrac{c}{H_0} \cdot \dfrac{1}{\sqrt{\Omega_{m,0} \cdot (1+z)^3 + \Omega_{\Lambda,0}}} \, .$$

Nebenrechnung:

Aus $1+\zeta$ wird $\dfrac{1}{\alpha} = \dfrac{\overline{a}}{a} = \dfrac{1+z}{1+\overline{z}}$

und damit

$$(1+\zeta)^3 \cdot \overline{a}^{-3} = \dfrac{(1+z)^3}{(1+\overline{z})^3} \cdot (1+\overline{z})^3 = (1+z)^3 \, .$$

Damit gilt

$$5.9 \quad r_H(z) = \frac{c}{H_0} \cdot \frac{1}{\sqrt{\Omega_{m,0} \cdot (1+z)^3 + \Omega_{\Lambda,0}}} \quad \text{für alle } z \text{ mit}$$

$$\frac{1}{\overline{a}} - 1 = \overline{z} \leq z < \infty \,.$$

Für die Relation der Weltlinie einer Galaxie, die bei ζ_e ein Lichtsignal emittiert, das bei $\overline{t}$ detektiert wird, gilt mit 5.4 und 5.5

$$W_{L(\zeta_e)}(\zeta) = \frac{c}{\overline{\Gamma}} \cdot \int_0^{\zeta_e} \frac{-d\alpha}{\alpha^2 \cdot \sqrt{\Omega_{\overline{m}} \cdot \alpha^{-3} + \Omega_{\overline{\Lambda}}}} = \frac{c}{\overline{\Gamma}} \cdot \int_{\alpha(\zeta_e)}^{\alpha(0)} \frac{d\alpha}{\alpha^2 \cdot \sqrt{\Omega_{\overline{m}} \cdot \alpha^{-3} + \Omega_{\overline{\Lambda}}}} \,.$$

Daraus folgt (siehe 4.17)

$$5.10 \quad W_{L(a_e)}(a) = \frac{c}{H_0} \cdot a \cdot \int_{a_e}^{\overline{a}} \frac{da}{a^2 \cdot \sqrt{\Omega_{m,0} \cdot a^{-3} + \Omega_{\Lambda,0}}} \quad \text{für alle } 0 \leq a_e \leq \overline{a}$$

und daraus für alle z_e mit $\dfrac{1}{\overline{a}} - 1 = \overline{z} \leq z_e < \infty$

$$5.11 \quad W_{L(z_e)}(z) = \frac{c}{H_0} \cdot \frac{1}{1+z} \cdot \int_{\overline{z}}^{z_e} \frac{dz}{\sqrt{\Omega_{m,0} \cdot (1+z)^3 + \Omega_{\Lambda,0}}}$$

Wir stellen nun die Ergebnisse zusammen. Dabei geben wir die kosmische Zeit in Einheiten der Hubble-Time der Beobachtungsepoche und Distanzen in Einheiten des Hubble-Radius der Beobachtungsepoche an. Diese Vorgehensweise vereinfacht die Formeln und erleichtert die Handhabung.

Wir setzen also

$$5.12 \quad \varsigma(t) = \frac{t}{t_{\overline{\Gamma}}} = \frac{t}{\dfrac{1}{\overline{\Gamma}}} = t \cdot \overline{\Gamma} \,.$$

Damit erhält man für die Skalenfunktion α (siehe 4.7) in Abhängigkeit von der kosmischen Zeit in Hubble-Time-Einheiten $t_{\overline{\Gamma}}$

$$5.13 \quad \alpha(\varsigma) = \left(\frac{\Omega_{\overline{m}}}{\Omega_{\overline{\Lambda}}}\right)^{\frac{1}{3}} \cdot \sinh^{\frac{2}{3}}\left(\frac{3}{2} \cdot \sqrt{\Omega_{\overline{\Lambda}}} \cdot \varsigma\right).$$

Die Weltlinie einer Galaxie, die bei t_e Photonen emittiert, die bei $\overline{t}$ detektiert werden, hat damit die Form

$$5.14 \quad W_{L(\varsigma_e)}(\varsigma) = \alpha(\varsigma) \cdot \int_{\varsigma_e}^{1} \frac{d\varsigma}{\alpha(\varsigma)} .$$

Dies folgt unmittelbar aus 4.9 mit

$$5.15 \quad \frac{d\varsigma}{dt} = \overline{\Gamma}$$

$$W_{L(t_e)}(t) = c \cdot \alpha(t) \cdot \int_{t_e}^{\overline{t}} \frac{dt}{\alpha(t)} = \frac{c}{\overline{\Gamma}} \cdot \alpha(\varsigma) \cdot \int_{\varsigma_e}^{1} \frac{d\varsigma}{\alpha(\varsigma)}$$

mit

$$\overline{\varsigma} = \varsigma(\overline{t}) = \frac{\overline{t}}{\overline{\Gamma}} = 1 \quad \text{und} \quad \varsigma_e = \varsigma(t_e) = \frac{t_e}{\overline{\Gamma}} .$$

In Einheiten des Hubble-Radius ist das 5.14.

In Abhängigkeit vom Skalenparameter wird aus 4.12

$$5.16 \quad W_{L(\alpha_e)}(\alpha) = \alpha \cdot \int_{\alpha_e}^{1} \frac{d\alpha}{\alpha^2 \cdot \sqrt{\Omega_{\overline{m}} \cdot \alpha^{-3} + \Omega_{\overline{\Lambda}}}}$$

und in Abhängigkeit von der Rotverschiebung aus 5.7

$$5.17 \quad W_{L(\zeta_e)}(\zeta) = \frac{1}{1+\zeta} \cdot \int_0^{\zeta_e} \frac{d\zeta}{\sqrt{\Omega_{\bar{m}} \cdot (1+\zeta)^3 + \Omega_{\bar{\Lambda}}}} \; .$$

Die Relationen für den Vergangenheitslichtkegel lassen sich analog ermittelten. Wir stellen der Vollständigkeit halber die ermittelten Größen in Abhängigkeit von der Rotverschiebung in der folgenden Tabelle zusammen.

Größe	Relation
Weltlinie $W_{L(\zeta_e)}(\zeta)$	$\dfrac{1}{1+\zeta} \cdot \displaystyle\int_0^{\zeta_e} \dfrac{d\zeta}{\sqrt{\Omega_{\bar{m}} \cdot (1+\zeta)^3 + \Omega_{\bar{\Lambda}}}}$
Lichtkegel $L_{C(0)}(\zeta)$	$\dfrac{1}{1+\zeta} \cdot \displaystyle\int_0^{\zeta} \dfrac{d\zeta}{\sqrt{\Omega_{\bar{m}} \cdot (1+\zeta)^3 + \Omega_{\bar{\Lambda}}}}$
Hubble-Radius-Funktion $r_\Gamma(\zeta)$	$\dfrac{1}{\sqrt{\Omega_{\bar{m}} \cdot (1+\zeta)^3 + \Omega_{\bar{\Lambda}}}}$

Elemente des sichtbaren Universums aus Sicht einer zukünftigen Epoche
in Hubble-Radius-Einheiten

6 Bestimmung der neuen Rotverschiebung

Wir beobachten in der gegenwärtigen Epoche t_0 eine Galaxie mit der Rotverschiebung z_e. Ihre Weltlinie hat in Abhängigkeit von der Rotverschiebung die Form

$$6.1 \qquad W_{L(z_e)} = \frac{c}{H_0} \cdot \frac{1}{1+z} \cdot \int_0^{z_e} \frac{dz}{\sqrt{\Omega_{m,0} \cdot (1+z)^3 + \Omega_{\Lambda,0}}} \, .$$

Wir suchen die Rotverschiebung ζ_e der Galaxie aus der Sicht eines Beobachters in der zukünftigen Epoche $\bar{t} > t_0$.

Bei der Lösung des Problems gehen wir den Weg über die kosmische Zeit t und den Skalenparameter a. Die Emissionsepoche der Galaxie sei t_e. Damit ist

$$6.2 \qquad a_e = \frac{1}{1+z_e} \quad \text{mit } a_e = a(t_e) \text{ und } z_e = z(a_e) = z(a(t_e))$$

sowie

$$6.3 \qquad \bar{a} = \frac{1}{1+\bar{z}} \quad \text{mit } \bar{a} = a(\bar{t}) \text{ und } \bar{z} = z(\bar{a}) = z(a(\bar{t})) \, .$$

In Abhängigkeit von t ist aus Sicht eines Beobachters bei t_0

$$6.4 \qquad W_{L(t_e)}(t) = c \cdot a(t) \cdot \int_{t_e}^{t_0} \frac{dt}{a(t)} \, .$$

Wir suchen die Emissionsepoche der Galaxie aus Sicht eines Beobachters bei $\bar{t}$. Diese bezeichnen wir mit $t_{\bar{e}}$. $t_{\bar{e}}$ ist per definitionem der Schnittpunkt der Weltlinie mit dem Vergangenheitslichtkegel bei $\bar{t}$.

Hinweis:

Ein Schnittpunkt $t_{\bar{e}}$ existiert im Rahmen des Standardmodells der Kosmologie genau dann, wenn die Galaxie bei t_e diesseits des Ereignishorizonts liegt (siehe [1]).

Der Vergangenheitslichtkegel bei $\bar{t}$ hat die Form

$$6.5 \qquad L_{C(\bar{t})}(t) = c \cdot \alpha(t) \cdot \int_{t}^{\bar{t}} \frac{dt}{\alpha(t)} \,.$$

Wir wissen aus dem Abschnitt 4, dass wir in 6.5 auch die alte Skalenfunktion verwenden können. Es gilt also

$$L_{C(\bar{t})}(t) = c \cdot a(t) \cdot \int_{t}^{\bar{t}} \frac{dt}{a(t)} \,.$$

Für den Schnittpunkt $t_{\bar{e}}$ der Weltlinie mit dem Vergangenheitslichtkegel gilt dann

$$6.6 \qquad W_{L(t_e)}(t_{\bar{e}}) = c \cdot a(t_{\bar{e}}) \cdot \int_{t_e}^{t_0} \frac{dt}{a(t)} = c \cdot a(t_{\bar{e}}) \cdot \int_{t_{\bar{e}}}^{\bar{t}} \frac{dt}{a(t)} = L_{C(\bar{t})}(t_{\bar{e}})$$

und damit

$$6.7 \qquad \int_{t_e}^{t_0} \frac{dt}{a(t)} = \int_{t_{\bar{e}}}^{\bar{t}} \frac{dt}{a(t)} \,.$$

Die Lösung von 6.7 liefert uns also den Schnittpunkt $t_{\bar{e}}$. Auf diesen wenden wir die neue Skalenfunktion α an und erhalten

6.8 $\quad \alpha_{\bar{e}} = \dfrac{a(t_{\bar{e}})}{a(\bar{t})} = \dfrac{a_{\bar{e}}}{\bar{a}}$.

Für die korrespondierende Rotverschiebung $\zeta_{\bar{e}}$ gilt schließlich

6.9 $\quad \zeta_{\bar{e}} = \dfrac{1}{\alpha_{\bar{e}}} - 1 = \dfrac{\bar{a}}{a_{\bar{e}}} - 1$.

Damit sind wir fertig.

7 Beispielrechnung

Wir definieren zunächst die Eingangsparameter. Dies sind die Emissionsepoche der Galaxie t_e aus der Perspektive eines Beobachters bei t_0 und die zukünftige Epoche $\bar{t}$.

Im vorliegenden Zusammenhang ist es, wie bereits unter 2. Bemerkt, nicht wesentlich, mit welchen konkreten kosmologischen Parametern wir die Beispiele rechnen, wollen uns aber aus Gründen der Nachvollziehbarkeit festlegen. In diesem Sinne rechnen wir mit den in $[3]$ benutzten Werten (siehe auch 2.6), im Einzelnen mit $t_0 = 13,8 \, \text{MrdJ}$, $H_0 = 67,5 \, \dfrac{\text{km}}{\text{s} \cdot \text{Mpc}}$ und der daraus abgeleiteten Hubble-Time von $t_{H_0} = 14,5 \, \text{MrdJ}$ sowie mit $\Omega_{m,0} = 0,315$ und $\Omega_{\Lambda,0} = 0,685$.

Wir rechnen nun mit $t_e = 7,25 \, \text{MrdJ}$ und mit $\bar{t} = 29,0 \, \text{MrdJ}$ nach dem Urknall. Die kosmische Zeit weisen wir in Einheiten der Hubble-Time aus und Entfernungen in Einheiten des Hubble-Radius, im vorliegen Fall mit den Größen der Epoche t_0. Diese bezeichnen wir im vorliegenden Fall mit σ („alte Welt"). Damit ist

$$\sigma_e = \frac{t_e}{t_{H_0}} = 0,50 \,, \quad \sigma_0 = \frac{t_0}{t_{H_0}} = 0,95 \quad \text{und} \quad \bar{\sigma} = \frac{\bar{t}}{t_{H_0}} = 2,0 \,.$$

Mit der Skalenfunktion a ergibt sich

$$7.1 \quad a_e = a(\sigma_e) \approx 0,586$$

Und dann

$$7.2 \quad z_e = \frac{1}{a_e} - 1 \approx 0,706 \,.$$

Den Schnittpunkt $\sigma_{\bar{e}}$ bestimmen wir aus der unten stehenden Grafik. Danach ist

7.3 $\sigma_{\bar{e}} \approx 1,070$.

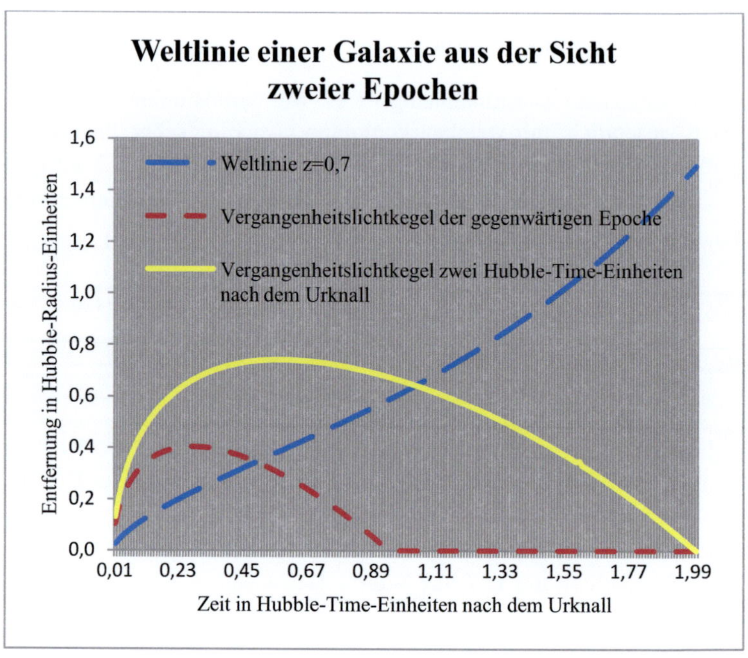

Beobachtung einer Galaxie aus der Sicht zweiter Epochen

Damit ist

7.4 $a_{\bar{e}} = a(\sigma_{\bar{e}}) \approx 1,123$

und

7.5 $z_{\bar{e}} = \dfrac{1}{a_{\bar{e}}} - 1 \approx -0,110$.

Für die zukünftige Epoche $\overline{t}$ gilt

7.6 $\overline{a} \approx 2{,}533$

und

7.7 $\overline{z} = \dfrac{1}{\overline{a}} - 1 \approx -0{,}605$.

Für die neue Skalenfunktion ist schließlich

7.8 $\alpha_{\overline{e}} = \dfrac{a_{\overline{e}}}{\overline{a}} \approx \dfrac{1{,}070}{2{,}533} \approx 0{,}422$

und für die neue Rotverschiebung

7.9 $\zeta_{\overline{e}} \approx 1{,}370$.

Die Weltlinie der Galaxie hat damit die von der Rotverschiebung abhängige Form

7.10 $W_{L(1,370)}(\zeta) = \dfrac{c}{\overline{\overline{\Gamma}}} \cdot \dfrac{1}{1+\zeta} \cdot \displaystyle\int_{0}^{1{,}370} \dfrac{d\zeta}{\sqrt{\Omega_{\overline{m}} \cdot (1+\zeta)^3 + \Omega_{\overline{\Lambda}}}}$

mit den aus 2.10 und 4.8 berechneten Dichteparametern

7.11 $\Omega_{\overline{m}} \approx 0{,}027$ und $\Omega_{\overline{\Lambda}} \approx 0{,}973$.

Bei der Berechnung der neuen Dichteparameter wurden in 4.8

7.12 $\dfrac{H_0}{\overline{\overline{\Gamma}}} = \dfrac{H(\sigma_0)}{H(\overline{\sigma})} = \dfrac{H(0{,}95)}{H(2{,}0)} \approx 1{,}192$

und

$$7.13 \quad a(\overline{\sigma}) = a(2,0) \approx 2,533$$

benutzt:

$$7.14 \quad \Omega_{\overline{m}} = \Omega_{m,0} \cdot \overline{a}^{-3} \cdot \frac{H_0^2}{H(\overline{\sigma})^2} \approx 0,315 \cdot 2,533^{-3} \cdot 1,192^2 \approx 0,027$$

und

$$7.15 \quad \Omega_{\overline{\Lambda}} = \Omega_{\Lambda,0} \cdot \frac{H_0^2}{H(\overline{\sigma})^2} \approx 0,685 \cdot 1,19^2 \approx 0,973$$

LITERATURVERZEICHNIS

[1] Becker, Klaus Becker, Das expandierende Universum; Eine mathematische Reise durch die Zeit, Pro BUSINESS Verlag Berlin, 2011, ISBN 978-3-86805-870-3

[2] Becker, Klaus Becker, Das sichtbare Universum; Beobachtungen im expandierenden Universum, BoD Books on Demand, Norderstedt, 2014, ISBN 978-3-7322-9652-1

[3] Becker, Klaus Becker, Modell Universum; Wie Kosmologen unser Universum modellieren, BoD Books on Demand, Norderstedt, 2017, ISBN 978-3-7431-4337-1

[4] Plionis, Manolis Plionis,
www.ipac.caltech.edu/level5/March02/plionis/Plionis1_1.html

Herstellung und Verlag:
BoD – Books on Demand, Norderstedt
ISBN: 978-3-7481-6529-3